動物は わたしたちの 大切な パートナー

3 命を保護・管理する
—野生動物の命を考える—

監修
広島大学大学院統合生命科学研究科教授
谷田 創

WAVE出版

　みなさんは野生動物というとどのような動物を想像されますか？多くのかたは、山奥など人の手の入らない自然豊かな環境で、人の影響を受けずにくらしている動物たちを連想されると思います。また、外国にしかいない独特な色をしためずらしい動物や、動物園でくらしている動物を思いうかべる人もいるのではないでしょうか。

　わたしが野生の生き物とはじめてかかわったのは子どものころのことです。わたしは琵琶湖（日本で一番大きい湖）のほとりの自然豊かな環境で育ちました。春には琵琶湖へとつながる近くの川にかよい、手づかみでモロコやハヤ、ウグイ、フナ、コイ、ナマズ、ウナギなどの魚をとりました。とった魚は庭の池や水槽で飼い、その一部はその日の夕食になりました。夏には、祖父につれられて琵琶湖へ泳ぎにいきました。透明な水は、底の魚が自分の足をつついてくるのまで見えました。また、泳ぎつかれた足で底の砂をほるとシジミ貝がいくらでもとれ、祖母がみそ汁をつくってくれました。秋から冬には、田んぼの用水路のよどみに網を入れると、いき場を失った小ブナなどの小魚が、もち上げられないくらいにとれました。しかし、小学校に上がる直前に都会へ引っ越すことになり、わたしの生き物たちとの日々はとつぜん幕を閉じました。

　それから長い年月がたち、琵琶湖にもどる機会がありました。あんなにきれいだった湖や小川の水はにごり、変なにおいもしていました。あのキラキラしていた魚たちはもうどこにもいません。あのときほど悲しい気持ちになったことはありません。とても仲良くしていた友だちがどこかに消えてしまったような気分でした。

　さらに何年もの月日がたち、わたしは動物の研究者になりました。

そこで気づいたことは、琵琶湖の生き物だけでなく、日本にこれまでいたさまざまな生き物がすでにすがたを消していたことでした。そのいっぽうで、本来は自然の中で生活しているはずのクマやサル、シカ、イノシシ、タヌキ、キツネ、アナグマなどの野生動物が、都市部や住宅街でも見られるようになっていました。そして一部の生き物は害獣や害虫とよばれ、くじょの対象となりました。

しかし、そもそも害獣や害虫といった種類の生き物がいるわけではありません。人間に不利益をあたえる生き物を、わたしたちが勝手にそのようによんでいるだけです。この世のすべての生き物は人間もふくめて地球から生まれてきた地球の子どもたちです。すべての生き物には地球ではたすべき使命があるはずです。人間のつごうで生き物を見ているだけでは、本来の生き物の価値はわかりません。

この本は、現在の野生動物の状況についてさまざまな視点から学べるように工夫されています。じっくり読んで知識を得たら、次はみなさんの目で実際に野生動物のようすや自然環境の変化を観察し、今後の人間と野生動物の関係について考えてほしいと思います。

監修

広島大学大学院
統合生命科学研究科教授
谷田 創

もくじ

はじめに ……………………………………………………………… 2

海がプラスチックゴミであふれていた！ ………………… 6

命の重みを考えよう …………………………………………… 9

1 絶滅の危機にさらされている野生動物

身近な野生動物の変化 ……………………………………… 10

絶滅のおそれがある日本の野生動物 …………………… 12

生き物はつながっている …………………………………… 14

かつてないスピードで減っている野生動物 …………… 16

野生動物を守る取り組み …………………………………… 18

　　動物園による野生動物の保護活動 ………………… 20

2 人間の生活圏にせまる野生動物

人里にやってくる野生動物 ………………………………… 22

野生動物が人里にあらわれる理由 ……………………… 26

市街地にすみついた野生動物 …………………………… 28

野生動物と向き合う ………………………………………… 30

　　ほかくされた野生動物はどうなるの？ …………… 34

3 外国からもちこまれた動物

日本に入ってきた外来生物 ……………………………………… 36

外来生物があたえる影響 ……………………………………… 38

外来生物を増やさないための取り組み ……………………… 40

外来生物は悪者なの？ ………………………………………… 44

もっと読みたい人へ　おすすめの本 ……………………… 46

さくいん ……………………………………………………… 47

この本の使いかた

仕事紹介
動物に関連する仕事と、仕事の内容を紹介しています。

もっと知りたい
テーマにそった、よりくわしい内容や、関連することがらを解説します。

考えてみよう
それぞれのページのテーマを読み終えたら、自分はどう思うか考えてみましょう。まわりの人の考えも聞いてみましょう。

ミニコラム
テーマに関連した豆知識や情報を紹介します。

海がプラスチックゴミで あふれていた！

お父さ～ん
お母さ～ん

どうしたの？
ユウちゃん

あのね…

これ！
見てみて！

ピラッ

海洋ゴミ？
ボランティア？

海洋ゴミをなくそう
ボランティア大募集
○月○日
○時～

へぇ～
こんなのが
あるのね

公民館にいったら
チラシがあったんだ。

わたし、ボランティアを
一度やってみたくて

ねぇ、今度の日曜日だって！
おじいちゃん家の
近くの海だよね？

わたし、いってみたい！

そうだな…
特に予定もないし…
いってみるか！

やったー！

日曜日・海にて

～

……

わたしは、このボランティアの運営をしている田中といいます！

今日は参加してくれてありがとう！

いえいえ

こちらこそ、貴重な体験をさせていただいて…

ペコッ

あ、あの…プラスチックってどういうことなんですか？

これは発ぽうスチロールやペットボトルなど、いろいろなプラスチックが細かくくだかれたものなんだ

なぜこんなに細かくなるんですか？

紫外線があたってもろくなってこわれたり、波や風にもまれてわれたりして、どんどん小さくなっていくんだよ

最終的に 5mm 以下になったものは、マイクロプラスチックといわれているよ

そんなに小さくなるの？

小さくなるから問題なんだ。海中のマイクロプラスチックを魚や鳥などがあやまって食べてしまうことがあるのさ

生き物の健康を害することはもちろん、それを食べる人間の健康への影響も心配されているんだよ

マイクロプラスチック

プラスチックは分解されないからね…世界中の海にたくさんのマイクロプラスチックがただよっているといわれているんだ

そんな…

人間には便利なプラスチックだけど、生き物にめいわくをかけていたなんて…

知らなかった…

命の重みを考えよう

便利なプラスチックが海洋ゴミとなり、野生の生き物の命をおびやかしていることについて、どのように考えているのでしょう。みんなの考えを聞いてみましょう。

ゴミをポイすてするのは
よくないって
あらためて思ったよ

日本だけプラスチックゴミを
減らしても、
外国のゴミも減らさないと
意味ないよね？

プラスチックゴミを少しでも減らせば、
海のゴミも減らすことが
できるんじゃないかな？

もし、プラスチックゴミのせいで
魚がいなくなったら…
海の生態系がくずれてしまうよ

マイクロプラスチックを食べた魚を
知らないうちに人間も食べているって
こと？　なんだかこわいわ…

考えてみよう

みんなの意見を聞いて、どう思ったのかな？　友だちやおうちの人の意見も聞いてみよう！

1 絶滅の危機にさらされている野生動物

身近な野生動物の変化

わたしたちのまわりでも野生動物の問題は起きている

　現在、世界的に野生動物の減少が大きな問題となっています。テレビやインターネットで、目にすることも多いのではないでしょうか。

　しかし、この問題は遠い海の向こうだけで起きていることではありません。わたしたちのまわりでも、同じように野生動物のくらしがおびやかされており、動物たちのかすかな声に耳をかたむける必要があります。くらしの中でも、動物とのつながりに変化が起きています。

ここにはメダカはすんでいないの？

昔はたくさんいたけど、農薬を使いだしてからあまり見なくなったね

ツバメの巣があるけど、もうツバメはこないの？

田んぼが減って、えさがとりにくくなったからね。昔はいろんな場所でツバメの親子を見たものだけど…

もっと知りたい

減っていった先におとずれる野生動物の絶滅

　ある野生動物種が子孫をのこすことができなくなると、やがて「絶滅」というおそろしい事態をまねきます。種の絶滅とは、その種が自然の中から完全にすがたを消してしまうことです。かつて日本の野山には野生のオオカミやカワウソがいましたが、人間による狩りなどで絶滅してしまいました（→ 16 ページ）。

ニホンオオカミ

ニホンカワウソ

収穫間近の田んぼに
あらわれたアキアカネ。

昔は秋になると赤とんぼが
群れて飛んでいたというけど、
今はほとんど見られなく
なってるわ…

人間のくらしの影響を受けたアキアカネ

アキアカネは、「赤とんぼ」とよばれるトンボの代表的な種です。しかし、2000年ごろから急激に数が減っていて、調査によると多くの都道府県で、この20年間で1000分の1以下に減ったという結果が出ています。減った理由には、田んぼの減少などもありますが、大きな原因になったのは、そのころから新しい農薬を使うようになったことだと考えられています。

アキアカネの1年

アキアカネは春にうまれ、成虫になると、夏のあいだは山へと移動します。そして秋になると卵をうむために山からもどってきます。

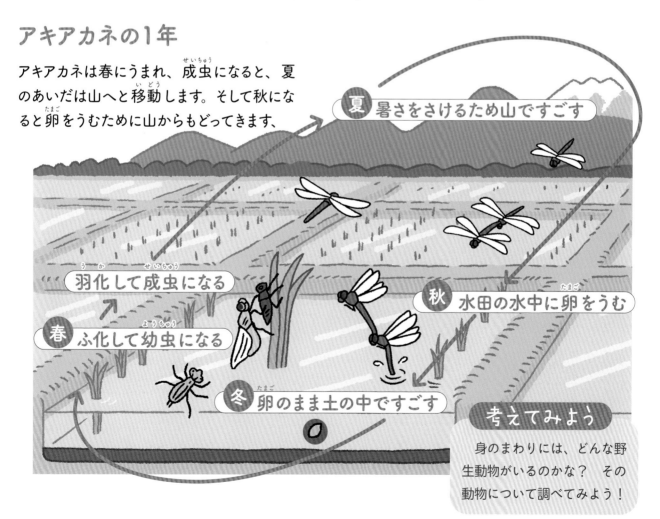

夏 暑さをさけるため山ですごす

羽化して成虫になる

春 ふ化して幼虫になる

秋 水田の水中に卵をうむ

冬 卵のまま土の中ですごす

考えてみよう

身のまわりには、どんな野生動物がいるのかな？　その動物について調べてみよう！

絶滅のおそれがある 日本の野生動物

野生動物の状況を正しく知ることが大切

生息数が減りつづけていて将来的に絶滅するおそれがある動物を「絶滅危惧種」といい、それらの情報をまとめたものを「レッドリスト」といいます。国際的なレッドリストは国際自然保護連合（IUCN）が作成していて、日本では環境省が国内の野生動物を対象とした

レッドリストを作成しています。レッドリストは数年ごとに更新され、インターネットでだれでも見ることができます。

日本にはさまざまな野生動物がいますが、そのなかには生息数がかなり少なくなっているものもいて、1446種がレッドリストには入っています（2020年現在）。

レッドリストからわかる日本の野生動物の今

ほ乳類

21%
（34種）

160種

ほ乳類の絶滅危惧種には、コウモリのなかまが多くふくまれている。これは、すみかとなる原生林が開発などにより減少していることと大きな関係がある。また、離島にすむ希少な動物が外来生物（→36ページ）に捕食される（食べられる）事例も多く見られる。

グラフの見方

21%
（34種）

日本にすんでいる全種数

160種

絶滅危惧種がしめる割合と種数

※「環境省レッドリスト2020掲載種数表」をもとに作成。

> 毎年交通事故が起きていて、なかまたちが命を落としているんだ

イリオモテヤマネコ

> くだものを食べようとして畑のネットにひっかかってしまうことがあるんだ

オガサワラオオコウモリ

おもな絶滅危惧種とその原因

イリオモテヤマネコ
交通事故、生息地の減少、ネコからの病気感染などが原因。

オキナワトゲネズミ
生息地の減少、マングースやネコによる捕食などが原因。

オガサワラオオコウモリ
生息地の減少、防鳥ネットによるからまり事故などが原因。

アマミノクロウサギ
生息地の減少、犬やネコ、マングースによる捕食などが原因。

> 足が短いから走るのが苦手なんだ

アマミノクロウサギ

カンムリワシ

鳥類

14%
（98種）

約700種

おもな原因は、人間による開発で生息地や繁殖地となる森林が減ったことによるもの。また草原や低木林でくらす種、離島にすむ種は、外来生物に食べられることも大きな原因となっている。

うむ卵の数が少ないから減りやすいんだ

おもな絶滅危惧種とその原因

トキ
羽毛をとるための乱獲、繁殖地の減少などが原因。

カンムリワシ
食べ物をとるための水田の減少などが原因。

は虫類

37%
（37種）

100種

は虫類の絶滅危惧種は、南西諸島にすむ種が大部分をしめている。生息地の減少に加え、島に侵入してきた外来生物によって捕食されることが原因。

ペット用に密猟されることもあるよ

クメトカゲモドキ

おもな絶滅危惧種とその原因

クメトカゲモドキ
生息地の減少、外来生物による捕食、人間による密猟などが原因。

アカウミガメ
産卵地となる砂浜の減少、定置網によるからまり事故などが原因。

両生類

91種　52%（47種）

水中や水辺でくらす両生類は生息環境（水質）の悪化の影響を受けやすく、ほかのグループにくらべ絶滅危惧種がしめる割合が多い。

外来生物のチュウゴクサンショウウオと交尾してしまい、純粋なオオサンショウウオが少なくなっているんだ

オオサンショウウオ

おもな絶滅危惧種とその原因

オキナワイシカワガエル
生息地の減少、生息環境の悪化などが原因。

オオサンショウウオ
生息環境の悪化、外来生物との交雑などが原因。

魚類
（汽水・淡水魚）

42%
（169種）

約400種

魚類は河川や汽水域（海水と淡水がまじり合った水域）にいる魚が調査対象。人間の活動による生息地の水質悪化、水田の減少などが影響している。

外来生物にすみかをうばわれてしまって、数が減っているんだ

ミナミメダカ

おもな絶滅危惧種とその原因

アユモドキ
生息地の減少、生活排水による水質の悪化などが原因。

キタノメダカ・ミナミメダカ
生息地である水田の減少、外来生物による捕食などが原因。

昆虫類

1%
（367種）

約3万2000種

昆虫類は種数が多いため、絶滅危惧種も多い。森林・草原の減少、河川などの生息環境の悪化も影響している。

ぼくのなかまのスジゲンゴロウは、もう絶滅してしまったんだ

ナミゲンゴロウ

おもな絶滅危惧種とその原因

オオルリシジミ
幼虫のすみかや食べ物となる植物の減少などが原因。

ナミゲンゴロウ
生息地である水田の減少、生息環境の悪化などが原因。

※上記以外に貝類629種、その他無脊椎動物65種がレッドリストにふくまれています。

生き物はつながっている

生態系と生き物のつながり

　自然には森や川、海などの環境があり、それぞれにたくさんの生き物がくらしていて、これらのまとまりを「生態系」といいます。生き物たちがさまざまなつながりをもつことで、生態系のバランスがたもたれています。

　生き物どうしの食べる・食べられるという関係（食物連鎖）も、そのつながりのひとつです。そのため、1種が減少すると、生態系のバランスがくずれ、ほかの生き物にも影響をおよぼします。

えものをつかんで飛ぶオオタカ。雑木林の食物連鎖の頂点にいるが、すみかとなる雑木林の減少が原因で、絶滅危惧種に指定されている。

考えてみよう
雑木林がなくなるとそこにいた生き物はどこでくらすのかな？

オオタカを頂点とする雑木林の食物連鎖

　土は植物を育てます。樹木は昆虫たちのすみかとなり、葉は食べ物となります。昆虫は鳥やヘビなど小動物の食べ物となり、小動物は大型の肉食動物の食べ物になります。環境に変化があると、生態系の高い位置にいる生き物ほど影響を受けます。

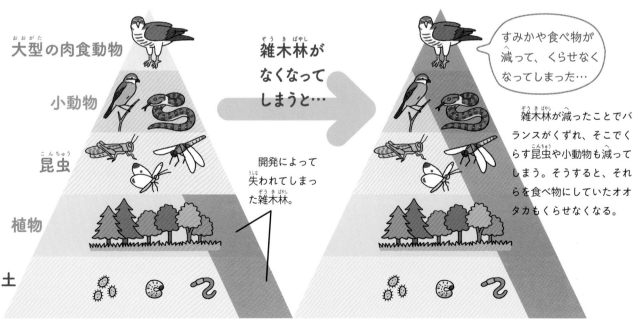

大型の肉食動物

小動物

昆虫

植物

土

雑木林がなくなってしまうと…

開発によって失われてしまった雑木林。

すみかや食べ物が減って、くらせなくなってしまった…

雑木林が減ったことでバランスがくずれ、そこでくらす昆虫や小動物も減ってしまう。そうすると、それらを食べ物にしていたオオタカもくらせなくなる。

人間の生活と 深くかかわっている生き物

　自然環境には、雑木林や水田など、人間がつくり管理してきた環境もあります。これらの環境にも生き物がすみ、豊かな生態系をつくりだしています。

　雑木林にはたくさんの種類の木や草がはえているため、それを食べ物にしているカブトムシやハチなどの昆虫がすんでいますし、オオタカやムクドリなどの鳥類やヘビなどのは虫類も数多くいます。また、水田やその周辺には、ゲンゴロウやカエル、ザリガニ、トンボなどがくらしています。

　そのため、雑木林や水田などが管理されないまま放置されると、生態系のバランスがくずれ、多くの生き物がすみかを失うなどの影響を受けます。

雑木林の放置
雑木林は放置されると、地面周辺まで日光がとどかなくなるため、草が育たなくなり、かぎられた種類の生き物しかすめなくなってしまう。

水田の放置
放置された水田や水路には水が入ることがなくなるため、水辺でくらす生き物たちはいなくなってしまう。

考えてみよう
人間の手が入らずに荒れてしまった雑木林は、生き物にとってはどんな影響があるのかな？

もっと知りたい　人間をささえるミツバチ

　ミツバチは生態系にとって重要な役割をはたしている昆虫です。ミツバチはみつを集めるために、花のおくまで体をもぐりこませます。体に花粉をつけて花をまわることで、植物の受粉を助けているのです。人間はそのようなミツバチの行動を利用して農作物の受粉に役立てています。ミツバチが受粉しているのは、おもにイチゴなどのハウス栽培の野菜やくだものです。また、ミツバチが集めたはちみつも利用されています。ミツバチがいなくなってしまったら、わたしたちの食生活には大きな影響が出ることでしょう。

体中に花粉をつけたミツバチ。

ビニールハウス内に設置されたミツバチの巣箱。農作物の受粉にはおもにセイヨウミツバチが使われている。

かつてないスピードで減っている野生動物

世界中で減っている野生動物

　農地などの開発による生息地の破壊や狩猟による乱獲、化学物質による環境汚染、温暖化による気候の変化など、さまざまな人間活動によって野生動物の数が減っています。世界自然保護基金（ＷＷＦ）の調査によると1970〜2016年のあいだに、全世界の野生動物の数は約3分の1にまで減っていることがわかりました。

　絶滅する生き物の種数も増えており、1975年以降は平均して1年で4万種がすがたを消しているといわれています。人間が活動を始める前までは、1000年に1種程度しか絶滅していなかったことを考えると、かつてないスピードで野生動物はすがたを消しているといえます。

種の絶滅速度

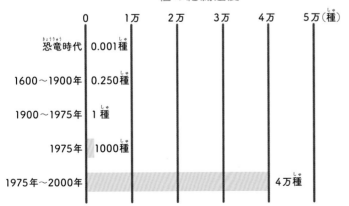

	0	1万	2万	3万	4万	5万（種）
恐竜時代	0.001種					
1600〜1900年	0.250種					
1900〜1975年	1種					
1975年	1000種					
1975年〜2000年					4万種	

1970年代のなかばごろから絶滅する種の数が大きく増えている。

出典：「沈みゆく箱舟」（ノーマン・マイヤーズ）環境省作成

野生動物をおびやかす問題

人間による乱獲

　狩猟や漁で野生動物をとりすぎてしまうことを「乱獲」といいます。アフリカやアジアなど世界各地で密猟者などによって野生動物が乱獲されています。日本でもかつて乱獲が原因でニホンオオカミやニホンカワウソが絶滅しました。また、日本人がよく食べるニホンウナギやクロマグロも、乱獲によって絶滅の危機にさらされています。

タイで見つかった大量の象牙。象牙はゾウのキバで、アクセサリーなどに加工される。象牙のためにアフリカやアジアでは多くのゾウが密猟されている。

考えてみよう

　海外で絶滅の危機にある野生動物にはどんなものがいるかな？　調べてみよう！

生息地の減少

　農地や住宅などの開発による森林の伐採、河川のうめ立てや護岸工事などが、野生動物のすみかをうばっています。なかでも、アフリカや中央・南アメリカ、東南アジアでは熱帯雨林の減少により多くの生き物がぎせいになっています。

アブラヤシ農園をつくるために切り開かれた東南アジア、ボルネオ島の熱帯雨林。ボルネオ島では森林の開発によりオランウータンなど多くの生き物がすみかを追われている。

外来生物の影響

　世界中で人や物の交流がさかんになったことで、外来生物（外国からもちこまれた生き物）が、在来生物（その地域にもとからすんでいた生き物）のすみかや食べ物をうばい、在来生物に影響をあたえることが問題となっています（→36ページ）。オーストラリアやニュージーランドでは固有の生き物が多く生息しているので、外来生物の侵入を特に警戒しており、外来生物が入りこまないように生き物などの輸入をきびしく規制しています。

　日本の川にくらすミシシッピアカミミガメ（福岡県）。本来は北アメリカに生息していた種だが、現在はヨーロッパやアジアなどでもよく見られる。

化学物質による影響

　化学肥料や農薬が農地から流れ出して周辺の生物に健康被害が出たり、海に流れ出したプラスチックゴミをウミガメや海鳥が食べてしまったりして、野生動物の健康に深刻な影響をあたえています。

海中のプラスチックゴミとアオウミガメ。ウミガメはこのようなゴミをクラゲとまちがえて食べてしまうことがある。

気候の変化

　地球の温暖化による気温や海水温の上昇は、生き物の分布などに大きな影響をあたえています。海の氷がとけだしたことで、北極周辺のこおった海にくらすホッキョクグマは食べ物を手に入れにくくなり数が減っています。また、あたたかい南の海で見られる魚が日本の本州近海でも見られるなど生態系に変化があらわれています。

海水温の上昇が原因で白化した小笠原諸島のサンゴ礁。サンゴは動物の一種で、水温が高くなりすぎると白くなって死んでしまう。

野生動物を守る取り組み

日本各地でおこなわれている野生動物の保護

野生動物を保護するために、国や都道府県が各地の自然豊かな地域を保護区に指定しています。保護区になった地域は、狩猟や開発などを制限されるので、野生動物の生活を守ることができます。そのほか、生息数が少ない動物の保護や、人による乱獲・密猟の防止、外来生物への対策なども各地でおこなわれています。

生息地の保護

野生動物を守るために、各地に狩猟を禁止した「鳥獣保護区」が指定されている。鳥獣保護区にはさらに開発が制限されている「特別保護地区」があり、特別保護地区にも乗り物の乗り入れなどが禁止された「特別保護指定区域」がある。また、豊かな森林や人の手が入っていない自然の環境などを「自然環境保全地域」として指定し、生き物のほかくや植物の採集、その地域への立ち入りなどを制限している。

北海道ウトナイ湖にある国指定の特別保護地区の標識。ハクチョウやマガンなどの野鳥を保護している。

日本の自然環境保全地域

自然環境保全地域は、森林や湖、湿原など、特に豊かな自然がある場所が指定されており、さまざまな野生動物がくらしています。

代表的な自然環境保全地域

屋久島原生自然環境保全地域

気温が高く、雨の多い気候で、大きな原生林が広がっている。ヤクシカやヤクシマザルなど、この地域でしか見られない野生動物のすみかとなっている。

ヤクシカとヤクシマザル。

島の90%が森林になっている屋久島。

白神山地自然環境保全地域

ブナの天然林をはじめとした手つかずの自然が広がっていて、クマゲラなど絶滅危惧種の鳥たちのすみかになっている。

クマゲラ

世界最大級のブナ林が広がる白神山地。

野生動物の保護・繁殖

絶滅のおそれがある野生動物を、人間の手で保護し、繁殖させる取り組みがおこなわれている。

ぼくたち、保護センターうまれだよ！

新潟県の佐渡トキ保護センターでうまれたトキのヒナたち。日本うまれの野生のトキは一時、絶滅してしまったが、その後、飼育下での繁殖に成功し、近年では毎年、40羽近くが放鳥されている。

西表野生生物保護センターが配布している「イリオモテヤマネコ運転注意マップ」。イリオモテヤマネコが交通事故にあわないように、運転手への注意をうながしている。

佐渡トキ保護センター内の野生復帰ステーション順化ケージ。飼育下で育ったトキを自然にもどすための施設で、トキが自然に近い状態で食べ物をさがしたり、空を飛ぶ練習をしたりする。

多発するヤンバルクイナの交通事故を減らすために注意をうながす標識。

飛ぶことができないので、危険がいっぱい！

ヤンバルクイナは、沖縄県北部にのみ生息する小型の鳥。ネコや外来生物のマングースに食べられたり、車にひかれたりして生息数が激減した。そのため、ヤンバルクイナの飼育・繁殖のための施設が設置され、飼育下で数を増やしている。

乱獲・密猟の防止

野生動物の狩猟は、地域や期間が決められており、専用の免許をもった人しかできない。また、ほかくについても国の許可が必要で、これらの決まりを守らない密猟者に対する取りしまりもおこなわれている。

わなを使った狩猟をする猟師。わなを使うには、わなの免許が必要となる。

外来生物への対策

外来生物によって国内の野生動物がおびやかされることも多い。特に小笠原諸島や南西諸島ではオガサワラトンボなど貴重で数が少ない種が絶滅の危機をむかえている。外来生物は人間の手でもちこまれることが多く、法律で飼育や移動に制限がかけられている（→40ページ）。

日本各地で見つかっている外来生物のカミツキガメ。日本にもとからいたカメが食べる水草や、小魚を食べるうえ、人へ危害を加える危険性がある。

動物園による野生動物の保護活動

　近年、多くの動物園が「環境教育」に力を入れており、飼育環境を工夫して自然に近い動物のすがたを伝え、野生動物に興味をもったり、考えたりするきっかけづくりをおこなっています。

　また、動物園がおこなっている絶滅危惧種の繁殖活動には「種の保存」という重要な役割があり、絶滅のおそれがある動物の命をつないでいます。

　動物園による「調査・研究」も、野生動物を守るためにかかせません。調査や研究でわかった動物の生態や繁殖についてのデータが、野生動物を守るために役立てられています。

環境教育

ガイドによる鳥類の解説。鳥類を放し飼いにした大型ケージでおこなわれる（天王寺動物園）。

ユーラシアカワウソ（写真上）の生活環境を再現したエリア（環境水族館アクアマリンふくしま）。

種の保存

インドネシアのバリ島にしか生息していないカンムリシロムク。よこはま動物園ズーラシアに隣接する横浜市繁殖センターでは、繁殖させた個体を現地に提供している。

調査・研究

天王寺動物園でおこなわれた、動物園と大阪ECO動物海洋専門学校によるマレーグマの行動調査のようす。

環境エンリッチメントを取り入れた飼育

　動物園では現在、動物の飼育環境を豊かにする「環境エンリッチメント」を取り入れるところが増えています。エンリッチメントとはものごとを豊かで充実したものにするという意味です。動物のくらしを豊かにすることで、動物の本来の生態に近いすがたを見られるようにしています。環境エンリッチメントには、おもに5つの方法があります。

❶ 採食エンリッチメント
えさの種類やあたえかた、回数を工夫する。

❷ 社会エンリッチメント
本来群れでくらしている動物は、群れをつくれる数で飼育する。

❸ 認知エンリッチメント
知能が高い動物に、頭を使うような遊具やおもちゃをあたえる。

❹ 感覚エンリッチメント
見えかたやにおい、音などで感覚を刺激し、環境に変化をもたせる。

❺ 空間エンリッチメント
動物らしい行動がとれるように、高台や水場をもうける。

ボランティアの帰り—

おじいちゃん！
おばあちゃん！

よくきたね

ん？

あれは何？
さく？

畑をかこんでる…

ユウ、それは
電気さくだよ

電気さく？

このあたりは
イノシシが出て
畑を荒らすことが
あるんだよ

イノシシ！？

さくに電気を流して、
畑の中に入らせ
ないように
しているんだ

このあたりは山が近いから、
イノシシのほかに、
シカやクマも出たりする
ことがあるよ

クマ！？
こわいね…

猟師さんがイノシシの
くじょをしてくれているけど、
なかなか被害が減らなくてね

くじょって、
殺しちゃうの？

イノシシは畑を荒らす
だけじゃなくて、
土をほり起こしたり、
水路をくずしたりして、

野菜が収穫
できなくなるから、
農家の人がこまって
いるんだよ

それでも…

殺すなんて
なんだかかわいそう…

ほかに方法は
ないのかしら？

2 人間の生活圏にせまる野生動物

人里にやってくる野生動物

あいまいになってきた人間と野生動物のすみわけ

人間が集まってくらしている場所を「人里」といいます。かつて、野生動物は人里から遠くはなれた森林や山地にすんでいて、人間と野生動物ははっきりとしたすみわけがなされていました。

しかし、近年は人間が森林を切り開くなどして、野生動物がくらす場所に入りこんだことで、人間と野生動物のすみわけがあいまいになり、野生動物が人里によくあらわれるようになりました。これらの野生動物は、人間のくらしにさまざまな影響をあたえています。

農作物を食べる

人里にやってきた野生動物の多くが農作物を食べるため、農家をなやませています。対策をとることで農作物への被害は少しずつ減っていますが、それでも2019年度は約158億円もの損害が出ています。

農作物に被害をあたえる野生動物の割合

シカやイノシシによる被害が全体の半分以上をしめています。

- そのほか（クマなど）19.5%
- ヒヨドリ 3.8%
- シカ 33.6%
- サル 5.4%
- カラス 8.4%
- イノシシ 29.2%

出典：「全国の野生鳥獣による農作物被害状況（令和元年度）」（農林水産省）

クマ

北海道にはヒグマ、本州にはツキノワグマがすんでいる。ふだんは森林にくらしているが、冬眠前にえさをさがして人里におりてくることがある。くだものを好み、モモやリンゴ、カキなどがねらわれる。

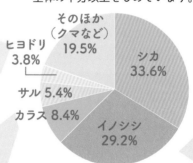

冬眠に入る前にたくさん食べなきゃいけないんだ！

人里におりてきたヒグマ。

ヒヨドリ

山地だけでなく市街地にも見られる鳥です。ミカンなどのくだものを好みますが野菜も食べます。

野菜ならキャベツが好物だよ

ミカンを食べるヒヨドリ。

シカ

森林やそのまわりの草原にすんでいるが、放棄された農地があるとそこにあらわれるようになり、やがて農地にもやってくる。飼料作物（牧草など）がねらわれるが、イネや野菜も食べる。

ぼくらは数がとても多いから、食べるものもたくさん必要なんだ！

畑を荒らすニホンジカの群れ。

イノシシ

森林やそのまわりの草原などにすむ。本来は昼間に活動するが、人間のいない夜間をねらって農地にあらわれる。イネやイモ類、タケノコ、マメ類、ミカンなどを好んでねらい、畑やあぜをほり返したり、段々畑の石組みをこわしたりすることも問題になっている。

畑をさくでかこったって、力が強いからこじ開けちゃうよ！

イノシシにほり返された畑。

カラス

おもに森にすむハシブトガラスと平野にすむハシボソガラス（写真）がいる。鳥類でもっとも農作物へ被害をあたえ、えさ場にした畑にはしつこくあらわれる。くだものを好み、ほかの野生動物ではとどかない高い木になったくだものもねらう。

頭がいいから、わなをしかけたってすぐに見やぶるよ！

カラスがつついて食べたスイカ。

サル

森林にすんでいるが、人になれたものはひんぱんに人里にあらわれるようになる。穀物やくだもの、根菜など、さまざまな農作物をねらう。

人間の畑だって、ぼくらのえさ場にしちゃうよ！

畑からカボチャをぬすむニホンザル。

考えてみよう

人間に見つかってつかまるかもしれないのに、野生動物が農作物を食べにくるのはどうしてかな？

23

ニホンジカにより表面の皮をはがされたカラマツ。

木の皮をはがしてかじるニホンジカ。

森の木を食べる

　春から秋の森林には木の実やくだもの、草など、野生動物の食べ物が豊富にあります。しかし、冬になると食べられるものがなくなり、木の枝や芽、皮までもはがして食べるようになります。皮をはがされた木はやがてかれてしまい、その場所の地面がむき出しになります。そのような場所に大雨がふると土砂災害などを引き起こす可能性があり、大きな問題となっています。

ツキノワグマによって表面の皮をはがされたスギ。一度はがされた皮はもとにはもどらない。

木の新芽を食べるニホンカモシカ。

高山植物を食べてしまうシカ

　高山地帯は本来はシカの生息地ではありませんでしたが、食べ物をもとめてシカがあらわれるようになり、めずらしい高山植物が食べられてしまうようになっています。長野県と山梨県、静岡県にまたがる南アルプスの高山地帯では、増え続けるシカから高山植物を守るためにフェンスを設置するなどして、シカの侵入をふせいでいます。

高山植物をシカから守るためのフェンス（荒川岳）。

人と出会う機会が増える

　人里にやってきて農地で食べ物を得た野生動物は、やがて市街地まで入りこむことがあります。市街地には野生動物の食べ物となる生ゴミや、わたしたちの食べのこしがすてられていることがあります。このような食べ物が手に入るということをおぼえた野生動物は、森林のなかでも人里に近い場所にすみつくようになります。

野生動物による人身被害件数

野生動物に人がおそわれる事例はクマやイノシシによるものがほとんどです。

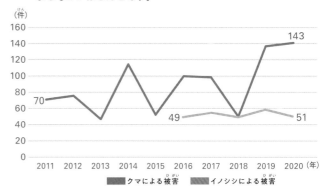

出典：「クマによる人身被害件数」「イノシシによる人身被害件数」（環境省）
※イノシシの件数データは2016年以降のみ。

　キャンプ場にのこったゴミを野生動物があさることもある。ゴミは放置せず、もち帰る。

　クマへの注意をうながす標識。クマは危険性が高く、毎年死亡事故が起きているので、よく出てくる地域に標識が設置されている（北海道）。

　山菜とりなど、足もとに集中しているすきに、クマにおそわれることがある。山のおくに入るときは特に野生動物への注意が必要となる。

もっと知りたい

ほかにもいる人里にやってくる野生動物

　人里にやってくる野生動物はほかにもいます。タヌキや外来生物のアライグマ（→44ページ）なども、農作物を食い荒らしたり、家屋に入りこんでふんでよごしたりするといった問題を起こしています。
　また、市街地には、カラスのほかにさまざまな野鳥がやってきます。なかでもムクドリは大きな群れをつくり、市街地の木をねぐらにしているため、ふんや鳴き声などによる問題が起きています。

　夕暮れの市街地で、空をおおうほどの数で飛ぶムクドリの群れ。

野生動物が人里に あらわれる理由

利用されなくなった里山と植林によって変わった森林

人里にあらわれる野生動物が多くなった原因は、おもに里山が利用されなくなったことと、森林の樹木の種類が植林によって変わったことにあります。

里山は、たきぎや山菜などをとるために人間が手入れをした山林のことです。手入れがされず荒れた里山は、野生動物が入りやすくなります。そこをとおり、

人里にもあらわれるようになったのです。

また、野生動物がくらす森林には、ふつう野生動物の食べ物となる木の実や葉がありますが、住宅の木材として利用しやすいスギやヒノキなどの植林が進んだことで、実をつけるブナなどの木が少なくなりました。そのため、野生動物の食べ物が足りなくなっているのです。

放置された里山

かつては人里の水田や畑のまわりには多くの里山があり、人間の手によって草かりやよけいな木の伐採といった管理がされていました。しかし、人間が都市部に集まり、農村部の人手が不足したり、電気やガスの普及でたきぎをとらなくなったりするなど、人間の生活が変わったことで、管理されずに放置される里山が増えています。

使われなくなった水田。草がしげっているため、野生動物がかくれながら移動できる。

整備されている里山

明るく見通しがよいため、野生動物は入ってきにくい。

↓

放置された里山

全体的に暗く、草木が乱雑にしげっていて、野生動物が入りやすい。

森から食べ物がなくなった

　クマやシカ、イノシシなど日本にすむ野生動物のおもな食べ物は、広葉樹のブナの実であるどんぐりなどの木の実や葉、草です。しかし、スギやヒノキなどの針葉樹が植林されたため、野生動物は食べ物を十分に得られなくなりました。こうして、野生動物は食べ物をもとめて、農作物のある里山や人里にあらわれるようになったのです。

植林されたスギ林（福岡県）。日本の森林の約4分の1をスギとヒノキがしめている。

すてられた農作物。出荷時期をのがしたものなどが、放置されていることがあり、野生動物をおびきよせてしまう。

針葉樹林ではクマが好む木の実などの食べ物はほとんど見つからない。

もっと知りたい

温暖化で広がる生息範囲

　日本では、一定数の野生動物がきびしい冬にたえられず命を落とします。この冬の寒さが、自然のはたらきとして野生動物の数を適正にたもっているといえます。しかし、近年は温暖化の影響で、冬になってもかつてほどの寒さにならず、多くの野生動物が冬をこせるようになっています。また、雪が減ったことで、今まですめなかった地域にも生息地が広がっています。

ニホンジカ分布域の変化

■	1978年度調査で生息を確認
■	2003年度調査で新たに生息を確認
■	2011年度調査で新たに生息を確認
■	2014年度調査で新たに生息を確認
■	2020年度調査で新たに生息を確認

出典：「全国のニホンジカ及びイノシシの生息分布調査について」（環境省）

岩手県釜石市の森林にすむニホンジカ。かつてはこのあたりまでしか本州のシカはいなかったが、雪が減ったことでもっと北の地域にもすむようになっている。

x

市街地にすみついた野生動物

まちでくらす野生動物

わたしたちがくらすまちなかにも、さまざまな野生動物がくらしています。もっとも目にする機会が多いのは鳥類で、カラスやハト、スズメなどはまちにいるのがあたり前の存在となっています。その次に多いのがクマネズミやドブネズミなどのネズミ類で、下水道、古くなった家屋など、まちのさまざまなところにすみついています。また、タヌキやアライグマ、ハクビシン、アナグマなども、まちなかで見かけることが増えています。

電線を伝って家屋に入りこもうとするハクビシン。

市街地で見かける小型の野生動物たち

大昔からずっと人間の近くでくらしてきたよ。生まれも育ちもまちのなかなんだ！

ネズミ

もとは森にすんでいたんだけど、食べ物がたくさんあるから、まちにすむようになったんだ！

ハシブトガラス

もともと里山の林などにくらしていたんだ。だから、里山から近い市街地に出てくることも多いんだ！

タヌキ

外国からつれてこられたといわれているけど、昔から日本にいたともいわれていて、外来生物かどうかはっきりしていないんだ

もとはペットとして飼われていたんだけど野生化したんだ（→44ページ）

アライグマ

ハクビシン

28

野生動物がまちにすみつく理由

公園など緑がある

まちなかには、公園や寺社など緑の多い場所もあり、野生動物が人間に見つからずに行動できる場所がたくさんある。

すみかを見つけやすい

まちなかには、暑さや寒さをしのげる古い家屋や物置（ものおき）なども多く、野生動物のすみかとなる。暖房（だんぼう）などによる都市部の冬の温暖化（おんだんか）も動物をまちにひきつけている理由のひとつになっている。

食べ物が豊富（ほうふ）

農作物や、人間の生活ゴミが野生動物にとって栄養価（えいようか）が高い食べ物となる。四季（しき）がある日本では冬になると野生動物の食べ物が少なくなるが、まちにいれば食べ物にこまることはない。

ゴミすて場に集まるカラス。毎週規則（きそく）正しくすてられるゴミが、まちにいる野生動物のくらしをささえている。

まちにいる野生動物が起こす問題

家屋への侵入（しんにゅう）

野生動物が入りこむのは空き家や物置（ものおき）などが多いが、なかには人がすんでいる家屋の屋根裏（やねうら）に入りこむものもいる。そのまますみついて、ふんや尿（にょう）をまきちらすので、家屋がよごれるだけではなく衛生面（えいせいめん）にも問題がある。

病気の感染（かんせん）

ペットの動物とちがって、野生動物には体の表面や体内に病原菌（びょうげんきん）やウイルス、寄生虫（きせいちゅう）をもっているものが多い。直接（ちょくせつ）ふれることがなくても、家屋に入られることで感染（かんせん）するおそれがある。

考えてみよう

野生動物がまちにすみついてしまわないように、できることはないかな？

野生動物と向き合う

むずかしい野生動物とのすみわけ

　野生動物による農業被害が増えるなど、人間と野生動物のすみわけがむずかしくなってきています。畑の農作物が食べられたり人間がおそわれたりしないように、人間の生活圏に入ってきた野生動物をほかくするのは仕方のないことですが、野生動物のくらしを守り、共生していくことも考えていかなくてはなりません。

野生動物の生息数を管理する

　日本では各地で、わなや銃による狩猟で野生動物をほかくし、野生で生息するのにちょうどよいといわれる数になるようにしています。近年では、人里にまでやってくる野生動物が増えているため、ほかく数も増えています。ただし、野生動物を無計画にほかくしすぎると、生態系のバランスをくずすおそれがあります。

イノシシ・シカのほかく数

イノシシやシカのほかく数は毎年、増加している。

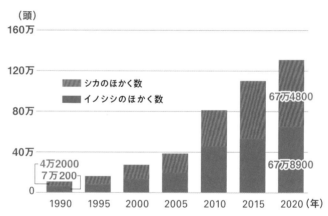

（頭）

- シカのほかく数
- イノシシのほかく数

4万2000
7万200
67万4800
67万8900

1990　1995　2000　2005　2010　2015　2020（年）

出典：「ニホンジカ・イノシシ捕獲頭数速報値」（環境省）

シカの群れをとらえる大型の囲いわな（北海道）。

イノシシをとらえた箱わな。箱わなやワイヤーによるくくりわながよく使われる。

猟師

　山で野生動物をわなや銃を使って狩る人で、野生動物の狩りや、わなや銃の使用に必要な免許をもっています。昔は狩猟を職業とする猟師（狩猟者）がたくさんいましたが、現在は農業などの兼業で狩猟をする人が多くなっています。

猟銃を使う猟師。かつては野生動物のほかくの多くが銃によるものだったが、現在はわなによるほかく数のほうが多い。

野生動物による被害をふせぐ

　農作物の被害を減らすためよくおこなわれているのは、田畑を電気さくなどでかこうことです。電気さくにふれた野生動物は電気ショックによるいたみをおぼえるため近づかなくなります。

　なお、野生動物による農作物の被害は冬に多くなりますが、これは野生動物が冬ごし用に食べ物をたくさん食べる必要があるからです。

シカなどの食害から木を守るために、設置された電気さく（神奈川県丹沢山地）。

苗木がシカに食べられることをふせぐプラスチック製のつつ。苗木にかぶせ、育つまで保護する。（静岡県伊豆市）

水田をかこむ電気さく（福井県）。シカが飛びこえて侵入できないように高い位置にも電線がはられている。

世代交代で被害が減少した幸島のサル

もっと知りたい

　幸島は宮崎県の南に位置する小さな無人島で、90 ぴきほどのニホンザルが生息しています。1980 年代の幸島では、観光客がサルにおそわれて食べ物をうばわれる事件が起きていました。これは、サルたちが観光客から食べ物をもらったことで、人間が食べ物をもっていることを学習してしまったことが原因でした。そこで、観光客や住民によるサルへのえさやりの禁止を徹底したことで、サルの世代が変わった現在では、人間がおそわれることはなくなりました。

幸島にくらしているニホンザル。いもを海水で洗って食べる行動をとることでよく知られている。

自然環境を整備する

人間が野生動物とうまくすみわけていくためには、自然環境を保全し、里山を整備することが大切です。野生動物が森林で十分な食べ物を得られるように、木の実をつける広葉樹を植える取り組みや、森林と農地のあいだにある里山を整備して、農地や人里に野生動物が入りこみにくくする取り組みなどがおこなわれています。

自然林の再生

人工林に植林された針葉樹は野生動物が食べる木の実をつけないので、野生動物は食べ物をもとめて森林の外へ出ていく。そこで、野生動物が好きな木の実（どんぐり）をつける広葉樹を植え、自然林に近い環境にすることで、森を出なくても十分な食べ物を得られるようにする。

針葉樹

針葉樹を減らして広葉樹に植えかえる。

広葉樹

里山の整備・緩衝地帯の設置

こみ合った枝、たおれた樹木、おいしげった草などを切って、里山の見通しをよくする。明るくてかくれる場所がない雑木林は野生動物が寄りつきにくく、森林と農地をへだてる緩衝地帯となる。また、人工的に緩衝地帯をもうける方法もある。

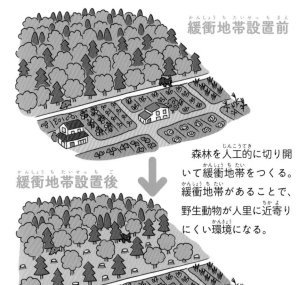
緩衝地帯設置前

緩衝地帯設置後

森林を人工的に切り開いて緩衝地帯をつくる。緩衝地帯があることで、野生動物が人里に近寄りにくい環境になる。

森林のすそ野を切り開いてつくられた緩衝地帯（兵庫県神戸市）。

緩衝地帯　森林　農地

ゾーニングの取り組み

もっと知りたい

人間に危害をおよぼすおそれがあるクマなどとのすみわけについて、「ゾーニング管理」という考えかたがあり、クマの被害が多い地域を中心に各地で進められています。ゾーニングとは区域わけのことで、クマがすんでいる森林などを「コア生息地」として、クマを保護する活動をおこないます。人間がくらす市街地は「排除地域」として、クマが入ってくるようであればほかくします。そして、コア生息地と排除地域のあいだの「緩衝地帯」では、クマを引き寄せてしまう果樹などをとりのぞき、入ってきたクマは追いはらってコア生息地にもどすようにします。また、緩衝地帯の中にある農地などは、「防除地域」としてクマをよせつけないような対策をほどこします。

コア生息地　防除地域　緩衝地帯　排除地域

ゾーニングは、おもに4つのゾーンに分けられるが、緩衝地帯と防除地域をまとめてひとつのゾーンとしている場合もある。

わたしたちにできる 野生動物とのすみわけ

野生動物とのすみわけを進めるために、わたしたちにもできることがあります。野生動物に近づいたり、食べ物をあたえたりしないこと、里山の整備活動に参加することなどです。国や自治体がさまざまな対策をおこなっていますが、わたしたち自身も野生動物との共存とすみわけについて考えて行動していくことが大切です。

えさをやらない

人間の食べ物の味をおぼえたり、人間をおそれなくなったりしてしまうため、野生動物を見つけても、えさをあたえてはいけない。また、野生動物のなかには細菌や寄生虫をもつものも多いので、近づかないようにする。

食べ物を放置しない

食べ物や生活ゴミを外に出したままにするのは、野生動物にえさをあたえるのと同じこと。庭のカキの木などの果実もなったままにしないほうがよい。どれも食べ物を手に入れられる場所として、野生動物におぼえられてしまうおそれがある。

里山の整備に参加する

里山の整備は、大がかりなものばかりではない。一般の人も参加できるゴミひろいや草かりなどでも協力できる。

野生動物に出会ったら

山登りやピクニックなどで、もし野生動物に出会ったらどうすればよいでしょうか。何よりも大事なのは、野生動物に出会わないことです。野生動物が行動する早朝や夜間の行動はさけましょう。特にひとりで動くのは危険です。森に入るときは、鈴や音の出るものをもっておくと野生動物がにげていきます。万が一、野生動物に出会った場合は、しげきしないようにして、そっとその場からはなれましょう。

考えてみよう

わたしたちと野生動物、どちらも幸せにくらせるようにするために、どんなことができるかな？

ほかくされた野生動物はどうなるの？

　日本では、ほかくした野生動物をにがしてはいけないという法律があるため、つかまえられた野生動物のほとんどが殺処分されることになります。ほかく後にどのように処分するかは自治体ごとに方法が指定されていますが、食肉などに利用されるのは全体のごく一部です。多くはゴミとして処分され、地面にうめられたり、施設で焼却されたりします。野生動物の命を少しでも有効に利用するためにも、食肉のさらなる利用が望まれています。

食肉として処理されたイノシシの肉（左）とシカの肉（右）。狩猟で得られた野生動物の肉は「ジビエ肉（狩猟肉）」とよばれ、食肉加工品にしたり、レストランのメニューに取り入れたりするなどの取り組みが、各地でおこなわれている。

ほかくされた野生動物の「その後」

　つかまえた野生動物の多くは殺処分されます。ただし、生息数が少ないクマなどは、山奥にもどされることもあります。

ほかくされる
許可された個人の猟師や自治体などが、野生動物のほかくをおこなっている。

殺処分される
野生動物の飼育はむずかしいので、殺処分される。

食肉などに利用される
解体して食肉などに利用する。ただし、処理などに手間がかかるため、利用される量は少ない。

利用されずに焼かれる
焼却施設で処分される。大型の野生動物の場合、施設まで運ぶ負担が大きい。

利用されずにうめられる
野生動物にほり返されないように、深くほったあなにうめられる。うめる場所の確保がむずかしくなってきている。

おじいちゃんの田んぼにて――

わぁ！
水がはってある！

見て〜
オタマジャクシが
いるよ！

それは
ニホンアマガエルの
オタマジャクシよ

ん？

おばあちゃーん！
見てー！

ザリガニ！
すっごく大きい！

自然の中に
いるのは
はじめて見た！

大きなアメリカ
ザリガニね

アメリカ？
日本のザリガニ
じゃないの？

もともとはアメリカに
すんでいたザリガニが、
食用にするウシガエルの
えさとして、100年くらい前に
いっしょに日本にもちこまれたのよ

でも、その後、ウシガエルと
アメリカザリガニが
養殖場からにげ出してね…

日本各地に広まっちゃって
こまったことが起きているの

こまったことって
なあに？

35

3 外国からもちこまれた動物

日本に入ってきた外来生物

人間にもちこまれた外来生物

ある地域にもともとすんでいる生き物を「在来生物（在来種）」といい、その地域にいなかったのに人間によってもちこまれた生き物を「外来生物（外来種）」といいます。「もちこまれた」ということが重要で、自分で移動してくるわたり鳥や回遊魚などは外来生物とはいいません。

日本に多くの外来生物が入ってきたのは、明治時代に外国との貿易が始まってからです。当時は生態系や環境に対する意識が低く、さまざまな外来生物が日本にもちこまれました。

外来生物は外国からきたものだけではありません。在来生物でも、国内の本来いない地域にもちこまれると、その生き物は外来生物（国内由来の外来生物）となります。

国内由来の外来生物

琵琶湖から各地の河川にもちこまれたハスや、八丈島などの島にもちこまれたヤギなど、地域の生態系に大きな影響をあたえている種がいる。

小笠原諸島では、食用のためにもちこまれたヤギによって地域の植物が減り、土砂が雨で流れ出る被害が起こっている。

在来生物と外来生物のちがい

おもなちがいは、もともとその場所にいたかどうか。ザリガニを例にすると、日本にもとからいたニホンザリガニが在来生物、アメリカからもちこまれたアメリカザリガニが外来生物になる。

体が小さくて5、6cmしかないよ

まっかな体が目印なんだ

ニホンザリガニ　　　　アメリカザリガニ

ニホンザリガニは渓流にすむ種でかつては北日本で見られたが、今では北海道と東北地方のごく一部の地域でしか見られない。アメリカザリガニは水田や池にすむ種で、日本全国で見られる。

国内由来の外来生物となったハス

ハスは、もとは琵琶湖周辺だけにすむ魚だが、アユが琵琶湖から日本各地に放流されたときにまぎれて広まった。ほかの魚を食べるので、放流された地域にもとからいた魚が減っている。

もともとすんでいた地域

もちこまれた地域

出典：「侵入生物データベース」（国立環境研究所）
※色をぬられた地域全体に分布しているわけではありません。

外来生物はどうやって入ってくる?

人間が意図的にもちこんだ場合と、意図せずにもちこんでしまった場合があります。人間による意図的なもちこみは法律（→40ページ）などでふせぐことができますが、意図しないもちこみ、なかでも外国からの貨物や船にまぎれこむ場合は対策がむずかしく、大きな課題となっています。

人間が意図的にもちこむ

意図的にもちこむ場合の目的はさまざまで、昔は産業やくらしに役立てるために、外国の生物が日本に輸入されていました。今はペット用に輸入されるケースが多くなっています。

大正時代、国の許可を得てウシガエルが食用目的で日本にもちこまれた。その後、ウシガエルはにげ出したり放されたりして全国に広がった。

ヌートリアはかつて養殖して毛皮をとるために輸入された。毛皮があまり使われなくなり、放されたものが生きのこって野生化した。

オオクチバスは、当初は食用および釣り用としてもちこまれたが、その後、釣り用に各地で放流されて、増えている。

貨物などにまぎれこむ

意図しないもちこみでもっとも多いのが、貨物にまぎれこんで入ってくるケースです。ほかには、大型船のバラスト水（船がバランスをとるための重しとして取りこむ水）にまぎれこむケースなどがあります。

大型の貨物船などが出発地で取りこんだバラスト水には、現地の海洋生物がまぎれている。到着地で荷物を積みこむときにバラスト水を放出するので、それらの外来生物がばらまかれることになる。

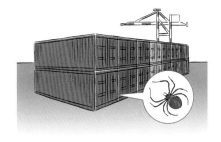

大型の貨物コンテナなどにまぎれこんでやってくるセアカゴケグモなどの外来生物は、港の周辺にすみつくことが多い。小さいため見つけるのはとてもむずかしい。

考えてみよう

日本では問題になっている外来生物だけど、自分から日本にきたわけではないんだ。外来生物を増やさないためには、どんなことが必要なのかな?

外来生物があたえる影響

産業や生態系に影響をあたえ、生物多様性をそこなう

外来生物は、産業や生態系など、さまざまなものに影響をあたえています。外来生物による農業への被害は年々増えていて、農家や自治体は対策に追われています。

そして、本当に注意しないといけないのは、外来生物による在来生物への影響です。野生化した外来生物は、在来生物を食べたり、すみかをうばったりしながら、繁殖して数を増やしていきます。その結果、生息数が減ってしまった在来生物もいるのです。

産業や人間への影響

農業や林業、漁業など、さまざまな産業が外来生物の影響を受けています。また、人間が外来生物におそわれることもあります。

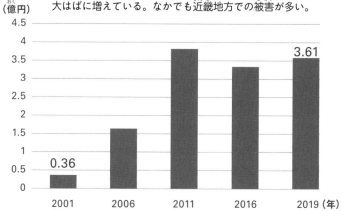

アライグマによる農業被害

アライグマによる農作物の被害は 2011 年ごろから大はばに増えている。なかでも近畿地方での被害が多い。

出典：「全国の野生鳥獣による農作物被害状況」（農林水産省）

農作物に被害をあたえる

農業では、田畑を荒らされたり、育てていた農作物を食べられたりすることで生産量が減ってしまう。

ヌートリアは水田でイネの苗を食べてしまう。

人に危害をおよぼす

攻撃性の高い外来生物にかまれることがある。また、ふれた人間に病気などを感染させるおそれがあるものもいる。

あごの力がとても強いカミツキガメを、不用意につかまえようとすると、かみつかれる危険がある。

寄生虫をもっていることが多いアライグマに作物を食いあらされると、そのまわりの作物も廃棄しないといけない。

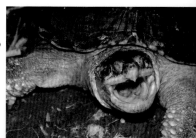

とがった口をもつカミツキガメ。

在来生物への影響

多くの外来生物は寒暖の差がはげしい日本の気候に対応できず、繁殖する前に死んでしまいますが、生命力の強い外来生物は環境の変化にも対応して日本で繁殖しています。また、最近は温暖化の影響もあり、寒さに弱い熱帯うまれの生き物も日本の冬をこせるようになってきました。

外来生物はすでにできあがっている生態系にあとから入ってくるので、生態系のバランスや、在来生物のつながりをくずしてしまいます。

雑種をつくる

外来生物のなかには、在来生物と子ども（雑種）をつくってしまうものがいる。遺伝子がまざった雑種が増えると、純粋な在来生物が少なくなってしまうおそれがある。

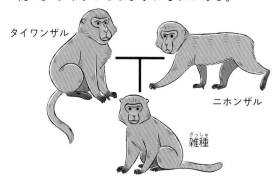

台湾から日本につれてこられたタイワンザルは、在来生物のニホンザルと雑種をつくる。

在来生物を食べる

繁殖している外来生物は肉食や雑食のものが多く、まわりにいる在来生物を手当たりしだいに食べてしまう。特に生態系への影響が大きい外来生物は「侵略的外来種」とよばれている。

小笠原諸島に入りこんだグリーンアノールは、絶滅のおそれがあるセミなど希少な昆虫を食い荒らしている。

アメリカ産のグリーンアノールは、沖縄本島でも見られる。日本には、ペットとしてもちこまれたとも、アメリカ軍の荷物にまぎれてきたともいわれている。

すむところをうばう

強い外来生物が繁殖して数が増えると、在来生物はすむ場所を追われてしまい、結果的に在来生物の数が減ってしまう。

公園の池などでは外来生物のミシシッピアカミミガメが大量に繁殖していて、在来生物のニホンイシガメはほとんど見られなくなってしまった。

日本全国に生息範囲を広げているミシシッピアカミミガメ。

外来生物を増やさないための取り組み

外来生物から自然を守る動き

外来生物の問題は世界各地で起きています。たとえばアメリカでは、養殖されていたアジアのコイが洪水で河川ににげ出したり、湿地に東南アジアの巨大なヘビがすみついたりするなどの問題が起こっています。

アメリカやヨーロッパでは、外来生物から生態系を守るため、1980年ごろには各国で外来生物にかんする法律が定められています。日本でも2004年に「外来生物法」が制定され、外来生物の輸入や販売、飼育などが制限されています。

外来生物法で定められていること

外来生物法では、外来生物のうち、日本の生態系や産業、人間などをおびやかすおそれがある種を、「特定外来生物」に指定し、さまざまな禁止事項を定めています。特定外来生物以外の外来生物についても、多くの場合、各自治体などで飼育などが規制されています。

飼ってはいけない！

特定外来生物を飼育したり、栽培したりすることは禁止されている。

特定外来生物のクリハラリス（タイワンリス）。飼われていたものがにげ、公園などで繁殖している。

保管してはいけない！

研究施設などをのぞき、特定外来生物を保管することは禁止されている。

移動させてはいけない！

野外でつかまえた特定外来生物をもち帰るなど、特定外来生物を生きたまま移動させることは禁止されている。

放してはいけない！

特定外来生物を野外に放つのは禁止されている。ペットとして飼っていたものをすてることも禁止されている。

かつて、蚊の幼虫をくじょするために放流されたといわれている北アメリカ産のカダヤシ。特定外来生物に指定され、放流は禁止されている。

販売してはいけない！

飼育する許可を得ていない人に、特定外来生物を販売することは禁止されている。無償でゆずるのも禁止。

輸入してはいけない！

特定外来生物を日本に輸入することは禁止されている。

わたしたちにできる取り組み

　外来生物法などによって、外来生物をもちこんだり、放したりすることは禁止されていますが、今も海外からの貨物にまぎれこんだり、密輸で海外からもちこまれたりして、外来生物は増え続けています。

　環境省では外来生物による生態系への被害をふせぐために「外来種被害予防三原則」をよびかけています。わたしたちひとりひとりがこの原則を守るように心がけることが大切です。

外来種被害予防三原則

1. 入れない

特定外来生物でなくても外来生物は生態系に影響をおよぼす可能性があるため、できるだけ、海外から生き物をもちこむのをさけるようにする。

2. すてない

外来生物をペットにしている場合は、しっかりと管理して、すてたりにがしたりしないようにし、最後まで責任をもって飼う。

3. ひろげない

すでに野外で繁殖している外来生物をほかの地域にひろげないようにする。えさをあげてもいけない。

もっと知りたい　外来生物を見つけたらどうする？

　野外で見つけた外来生物が特定外来生物だった場合は、法律で運ぶことが禁止されています。また、外来生物も自然に生きているひとつの命です。けっして、むやみにつかまえようとしてはいけません。まずは、その場所の管理者や自治体に相談するようにしましょう。

見つけた!!

野外で繁殖している外来生物への取り組み

　外来生物にはすでに野外で大量に繁殖していて、各地にすんでいるものもいます。

　なかでも生態系や産業への被害を起こすものは、ほかくやくじょが進められています。日本の自然を守るためには仕方のないことですが、このようなことが少なくなるように、外来生物を入れないことが大切なのです。

とらえた外来生物を苦しめずに殺処分するために、ほ乳類や鳥類には薬剤や二酸化炭素で中毒死させる方法、は虫類には冷凍で凍死させる方法などが用いられている。

外来魚のくじょ

　日本最大の湖である琵琶湖では、オオクチバスやブルーギルといった外来魚の大量繁殖が問題となっています。これらの魚はよく釣れるのですが、滋賀県では生きている状態の外来魚を琵琶湖にもどすことを条例によって禁止しています。また、生きている状態で外来魚をもち帰ることは、外来生物法で禁止されています。そのため、釣れてしまった外来魚を回収するためのいけすや箱（ボックス）を琵琶湖の周辺に設置しています。

外来魚が釣れてしまった…

外来魚回収ボックス
清掃工場（クリーンセンター）で焼却処分となる。

外来魚回収いけす
たい肥加工施設で、肥料に加工される。

外来魚回収ボックス。死んだ外来魚を回収する。

外来魚回収いけす。生きた状態の外来魚を回収する。

アライグマのくじょ

兵庫県では野生化したアライグマによる農産物への被害が大きくなっています。そこで、狩猟経験のない一般の住民たちがＮＰＯ法人「大山捕獲隊」を設立し、兵庫県森林動物研究センターなどの協力のもと、わなを使ったアライグマのくじょや電気さくの設置による被害の予防などをおこなっています。

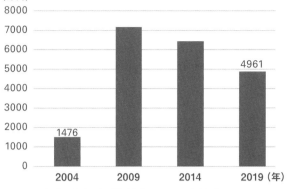

兵庫県でのアライグマによる被害額

一時は 7000 万円以上の被害があったが、くじょなどで近年はやや減少している。

（万円）

8000
7000
6000
5000 — 4961
4000
3000
2000
1476
1000
0
2004 2009 2014 2019（年）

出典：「野生鳥獣の農林業被害額状況について」（兵庫県）

考えてみよう

きみたちのすんでいる地域では、どんな外来生物がいて、どのような対策がおこなわれているのかな？調べてみよう。

大山捕獲隊でおこなっている、市民を対象にした捕獲講習会。

つかまえたアライグマは、自治体に引きわたす。

もっと知りたい

各地から集まったミシシッピアカミミガメを飼育する池。

静岡県の動物園 iZoo でおこなわれている引き取りの取り組み

近年、は虫類や両生類の人気が高まってペットとして飼育する人が増えましたが、飼えなくなってすてる人も多くなっています。静岡県にある、は虫類・両生類を中心とした動物園の iZoo では、一定のルールをもうけたうえで、飼育できなかったは虫類・両生類の引き取りをおこなっています。また、にげ出してとらえられたもので、飼い主がわからないものも引き取っています。

引き取られたワニガメやニシキヘビ。

園長さんからのメッセージ

iZoo で、は虫類や両生類の引き取りをおこなっているのは、引き取り手がいないと、殺処分されたり、すてられたりする可能性があるためです。こちらで積極的に引き取ることで、すてられる事例を減らすことができますから。わたしは、は虫類が好きで、動物園を開く以前から仕事では虫類などの輸入をおこなっています。だから飼育できない個体がいるのであれば、わたしたちにも責任の一端はあるのではないかと思ったのです。
白輪剛史さん（iZoo 園長）

外来生物は悪者なの?

今いる外来生物の多くは日本生まれの生き物たち

　外来生物には在来生物や産業に被害をあたえるものがいます。しかし、外来生物のすべてを悪い生き物と決めつけてしまうのは問題があります。すでに日本の自然のなかで繁殖している種は、外来生物でありながら、日本生まれの生き物でもあります。生態系や人間のくらしを守るためとはいえ、生まれ育った場所で必死に生きている外来生物をくじょしているということをわすれてはいけません。

　日本に遠い昔に入ってきて、日本の生態系の一部となっている外来生物も少なくありません。これからは外来生物との共存も考えていく必要があります。

古くから日本にいる外来生物

モンシロチョウ
（奈良時代〜）

レンゲソウ
（江戸時代〜）

エノコログサ
（2000年前〜）

スズメ
（2000年前〜）

動物だけでなく、植物にも外来生物は多い。

在来生物とされてきたが、近年の研究で江戸時代に日本にもちこまれた外来生物だとわかったクサガメ。「ゼニガメ」として日本人に愛されてきたカメを、外来生物といってくじょする必要があるのか、考えなくてはいけない。

おもな外来生物

マークはおもな問題点をしめしています。

 産　産業に被害をあたえるもの

危　人間に危害をあたえるもの

食　在来生物を食べるもの

住　在来生物のすみかをうばうもの

雑　在来生物と雑種をつくるもの

国内　国内の別の地域から移動させられたもの

アライグマ　産

ペットとして人気が出たのは、テレビアニメの影響なんだ!

原産地　北アメリカ

　ペットとして人気があったが、攻撃的な性質のため、多くがすてられて野生化した。現在は日本全国に広がり、トウモロコシやくだものなどの農作物を荒らして農家に大きな被害をあたえている。

ヌートリア　産

毛皮の値段が下がったから、すてられたんだ…

原産地　南アメリカ

　大型のネズミのなかま。繁殖させて毛皮を取るために輸入されたが、毛皮が売れなくなったので、多くがすてられた。関東地方より西の地域の川辺などにすみ、周辺の農作物を食べるなどの被害を出している。

アフリカマイマイ 産 危

人間に食べられるためにつれてこられたのに…

原産地 東アフリカ

カタツムリのなかまで、食用にするため沖縄や小笠原諸島で養殖されていたが、日本の食生活が豊かになって食べられなくなり、すてられた。農作物に害をあたえるほか、体内の寄生虫が人に感染すると危険な病気を引き起こす。

セアカゴケグモ 危

本当はおとなしい性格なの。攻撃するのは卵を守るときだけよ

原産地 オーストラリア

クモのなかまで、強い毒があり、かみつかれると危険。メスの腹部に赤いもようがあるのでこの名がついた。メスは7〜10mmほどの大きさだが、オスの大きさは4〜5mmほどしかない。建築資材にまぎれて入ってきたと考えられていて、日本各地で見つかっている。

ニホンイタチ 産 食 国内

ネズミを退治しろっていうけど、ほかの動物も食べるんだよ

原産地 本州、四国、九州

日本固有種で、もとは本州から九州が生息地だったが、ネズミをくじょさせるために北海道や沖縄にもちこまれた。在来生物を食い荒らすうえに、家畜をおそう被害も出ている。

オオクチバス 住 食

ぼくを釣るのが好きな人は多いんだけどね…

原産地 北アメリカ

食用や釣り目的で日本にもちこまれ、神奈川県芦ノ湖に放流されたのちに、全国に広まった。淡水魚としては大型で、大きな口に入る生き物なら何でも食べてしまう。繁殖力も強いので、在来生物に大きな影響をあたえている。

クリハラリス（タイワンリス） 産 住

観光用に放したくせに、人間って勝手だよね！

原産地 台湾、中国南部など

リスのなかまで、飼育されていたものが観光用に放されたり、にげ出したりして野生化した。在来生物のニホンリスのすみかをうばうほかに、農作物を食い荒らしたり、電線や電話線をかじったりする被害が出ている。

アメリカザリガニ 住 食

日本に入ってきた20ぴきから全国に広まったんだよ！

原産地 北アメリカ南部

ウシガエルの養殖がおこなわれていた時代に、そのえさにするために日本にもちこまれた。養殖池からにげ出したものが繁殖して、日本全国に広まった。繁殖力が強く、また、周辺の小型生物を食い荒らす。

ゲンジボタル 雑 国内

東日本と西日本で光る間かくがちがうんだ

原産地 本州、四国、九州

日本固有種の昆虫。数が少なくなった地域にほかの地域から運びこまれることが多くなっている。地域によって光りかたなどにちがいがあるが、別の地域のものがまざることで、それらの地域の特性が失われてしまう可能性がある。

考えてみよう

外来生物がもちこまれた理由の多くは、人間のつごうによるものなんだね。悲しい目にあう生き物を減らすためには、どんなことができるかな？

もっと読みたい人へ
おすすめの本

ビジュアルデータブック
日本の生き物
固有種・外来種が教えてくれること
今泉忠明 監修（学研プラス）

外来生物や環境の変化など日本の生き物についての問題を解説する図鑑です。グラフや表を使い具体的に現在の状況を教えてくれます。

サルはなぜ山を下りる？
野生動物との共生
室山泰之 著
（京都大学学術出版会）

野生動物との共生をどのように進めていくかを考える本です。ニホンザルが起こす被害を例に、その経緯と対策を紹介しています。

自然との共生を目指す山の番人
奥会津最後のマタギ
滝田誠一郎 著
（小学館）

マタギは東北地方周辺で伝統的な狩猟をおこなう人のこと。この本は数少ない現役のマタギに密着し、その自然と共生するくらしを紹介します。

罠ガール
緑山のぶひろ 著
（KADOKAWA）

女子高生が主人公のわな猟をテーマにしたマンガです。現在の獣害やわなによる狩猟についてわかりやすくえがいています。1～6巻（以下続巻）。

外来生物はなぜこわい？
阿部浩志・丸山貴史 著／
小宮輝之 監修
（ミネルヴァ書房）

日本にいる外来生物についての基本的な情報を取り上げているシリーズです。事例も陸地と水辺でわけて紹介しています。全3巻。

哺乳類のフィールドサイン観察ガイド
熊谷さとし 著
（文一総合出版）

野生動物が地面にのこした足跡やふんなどのフィールドサインを紹介している本です。野山に出かけるときにもっていきたい一冊です。

さくいん

あ行

ＩＵＣＮ（アイユーシーエヌ）……12
アオウミガメ……17
アカウミガメ……13
アキアカネ……11
アナグマ……28
アフリカマイマイ……45
アマミノクロウサギ……12
アメリカザリガニ
　……35、36、45
アユモドキ……13
アライグマ
　……25、28、38、43、44
イノシシ
　……21〜23、25、27、30、34
イリオモテヤマネコ……12、19
ウシガエル……35、37
エノコログサ……44
オオクチバス……37、42、45
オオサンショウウオ……13
オオタカ……14、15
オオルリシジミ……13
オガサワラオオコウモリ……12
オガサワラトンボ……19
オキナワイシカワガエル……13
オキナワトゲネズミ……12
オランウータン……17

か行

海洋ゴミ……6、9
外来種……36
外来種被害予防三原則……41
外来生物……12、13、17〜19、
25、28、36〜45
外来生物法……40〜42
カダヤシ……40
カミツキガメ……19、38
カラス……22、23、25、28、29
環境エンリッチメント……20
環境汚染……16
環境教育……20
緩衝地帯……32
カンムリワシ……13
キタノメダカ……13
クサガメ……44
クマ
　……21、22、25、27、32、34
クマゲラ……18
クマネズミ……28
クメトカゲモドキ……13

さ行

グリーンアノール……39
クリハラリス……40、45
クロマグロ……16
ゲンジボタル……45
コア生息地……32
国際自然保護連合……12
国内由来の外来生物……36

在来種……36
在来生物
　……17、36、38、39、44
里山……26〜28、32、33
サル……23、31
サンゴ……17
シカ
　……21〜24、27、30、31、34
自然環境保全地域……18
ジビエ肉……34
種の保存……20
狩猟……16、18、19、30、34
狩猟肉……34
食物連鎖……14
侵略的外来種……39
スズメ……28、44
セアカゴケグモ……37、45
生態系
　……9、14、30、36、38〜42、44
世界自然保護基金……16
絶滅……10、12、16、19、20
絶滅危惧種……12〜14、18、20
ゾウ……16
雑木林……14、15、32
ゾーニング管理……32

た行

タイワンザル……39
タイワンリス……40、45
タヌキ……25、28
ＷＷＦ（ダブリューダブリューエフ）……16
鳥獣保護区……18
ツキノワグマ……22、24
トキ……13、19
特定外来生物……40、41
特別保護地区……18
特別保護指定区域……18
ドブネズミ……28

な行

ナミゲンゴロウ……28
ニシキヘビ……43

ニホンイシガメ（右列続き）

ニホンイシガメ……39
ニホンイタチ……45
ニホンウナギ……16
ニホンオオカミ……10、16
ニホンカモシカ……24
ニホンカワウソ……10、16
ニホンザリガニ……36
ニホンザル……23、31、39
ニホンジカ
　……23、24、27、30
ヌートリア……37、38、44
ネズミ……28

は行

排除地域……32
ハクビシン……28
ハシブトガラス……23、28
ハシボソガラス……23
ハス……36
バラスト水……37
ヒグマ……22
人里
　……22、23、25〜27、30、32
ヒヨドリ……22
プラスチックゴミ……9、17
ブルーギル……42
防除地域……32
ホッキョクグマ……17

ま行

マイクロプラスチック……8、9
ミシシッピアカミミガメ
　……17、39、43
ミツバチ……15
密猟……13、16、18、19
ミナミメダカ……13
ムクドリ……15、25
モンシロチョウ……44

や行

ヤクシカ……18
ヤクシマザル……18
ヤンバルクイナ……19

ら行

乱獲……13、16、18、19
猟師……19、21、30、34
レッドリスト……12
レンゲソウ……44

わ行

ワニガメ……43

監修 **谷田 創**（たにだ はじめ）
広島大学大学院統合生命科学研究科教授、「ヒトと動物の関係学会」事務局長

　人間動物関係学、動物介在教育学、動物行動学、動物福祉学。1987年米国オレゴン州立大学大学院農学研究科で博士号（Ph.D.）取得、麻布大学獣医学部助手、広島大学生物生産学部助教授を経て現職。著書に『保育者と教師のための動物介在教育入門』（岩波書店）、共著に『ペットと社会（ヒトと動物の関係学３）』（岩波書店）、『海と大地の恵みのサイエンス』（共立出版）など。

イラスト　　**小川かりん**（6～9ページ、21ページ、35ページ）
　　　　　　佐原苑子（表紙、10～20ページ）
　　　　　　ないとうあきこ（表紙、22～34ページ）
　　　　　　たじまなおと（36～43ページ）

取材協力　　**上田哲行、体感型動物園 iZoo**
資料提供　　**国立環境研究所**
写真協力　　**環境省西表野生生物保護センター、新潟県佐渡トキ保護センター、アクアマリンふくしま、地方独立行政法人天王寺動物園、横浜市繁殖センター、大阪ECO動物海洋専門学校、林野庁北海道森林管理局、ハイトカルチャ株式会社、公益社団法人ひょうご農林機構、滋賀県琵琶湖環境部琵琶湖保全再生課、NPO法人大山捕獲隊、体感型動物園 iZoo（掲載順）PIXTA、photolibrary、123RF**
執筆協力　　**橋谷勝博**
ブックデザイン　**阿部美樹子**
校正　　　　**くすのき舎**
編集　　　　**株式会社 童夢**

動物はわたしたちの大切なパートナー
③命を保護・管理する —野生動物の命を考える—

2021年12月28日　第1版第1刷発行

発行所　　WAVE出版
　　　　　〒102-0074
　　　　　東京都千代田区九段南3-9-12
　　　　　TEL　03-3261-3713
　　　　　FAX　03-3261-3823
　　　　　振替　00100-7-366376
　　　　　E-mail　info@wave-publishers.co.jp
　　　　　http://www.wave-publishers.co.jp
印刷・製本　図書印刷株式会社